如果你有
奇异动物的身体

[美] 桑德拉·马克尔 著

[英] 霍华德·麦克威廉 绘

阳亚蕾 译

中信出版集团 | 北京

献给乔·梅里尔以及佛罗里达州那不勒斯湖公园小学的孩子们。

图书在版编目（CIP）数据

如果你有奇异动物的身体 /（美）桑德拉·马克尔著；
（英）霍华德·麦克威廉绘；阳亚蕾译.--北京：中信
出版社，2023.3
（如果你有动物的舌头：全 3 册）
书名原文：What if you could spy like a narwhal
ISBN 978-7-5217-5415-5

Ⅰ.①如… Ⅱ.①桑…②霍…③阳… Ⅲ.①动物—
儿童读物 Ⅳ.① Q95-49

中国国家版本馆 CIP 数据核字（2023）第 029038 号

如果你有奇异动物的身体
（如果你有动物的舌头：全 3 册）

著　者：[美]桑德拉·马克尔
绘　者：[英]霍华德·麦克威廉
译　者：阳亚蕾
出版发行：中信出版集团股份有限公司
　　　　　（北京市朝阳区东三环北路 27 号嘉铭中心　邮编　100020）
承　印　者：北京尚唐印刷包装有限公司

开　本：787mm×1092mm　1/12　　印　张：$3\frac{1}{3}$　　字　数：45 千字
版　次：2023 年 3 月第 1 版　　印　次：2023 年 3 月第 1 次印刷
京权图字：01-2023-0222　　审　图　号：GS 京（2023）0109 号（此书中插图系原文插图）
书　号：ISBN 978-7-5217-5415-5
定　价：59.80 元（全 3 册）

出　品　中信儿童书店
图书策划　红披风
策划编辑　刘杨　车颖
责任编辑　王琳
营销编辑　易晓倩　李鑫楦　高铭霞

出版发行　中信出版集团股份有限公司
服务热线：400-600-8099　　　网上订购：zxcbs.tmall.com
官方微博：weibo.com/citicpub　　官方微信：中信出版集团
官方网站：www.press.citic

如果某天你醒来，发现一夜之间你获得了一种奇异动物的身体……

如果你能像电鳗一样放射出强大的电压，

像伞膜乌贼一样隐身，

又或者像华丽琴鸟一样能模仿各种各样的声音，

那么，拥有一种奇异动物的身体将如何改变你的生活呢？

如果你能像一角鲸一样探察？

在世界上哪些地方？

一角鲸生活在北冰洋。

一角鲸不像人类那样用眼睛探察。在它的喷水孔下面有一个特殊的身体部位，会发出咔嗒咔嗒的声音，这些声音通过它的前额以超声波的形式传播出去。一角鲸锁定这些超声波，倾听回声，它能察觉到近 2 千米外的回声。这种探察的方式被称为回声定位。一角鲸用回声定位来感知周围的事物，寻找食物并生存下来。这是因为，一角鲸虽然可以屏住呼吸，但它最终还是必须浮出水面呼吸。所以，在冬天，当北冰洋被厚厚的冰层覆盖时，一角鲸就会利用回声定位从黑暗的深处找到冰层裂缝，然后，在最后一刻，它游上来，把头伸出水面呼吸。

如果你能像一角鲸一样探察，你就会发现在海底沉没的惊人宝藏。

3

成体大小：
  体长可达 5 米，体重可达
  900 千克

寿命：
  可达 90 年

食物：
  主要是鱼、鱿鱼和虾

尾鳍 ————
上下摆动以推动一角
鲸在水中游动。

鳍状肢 ————

生长过程

雌性一角鲸通常每隔3 年产下一头幼崽。幼崽在雌性体内发育大约 14 个月，大多出生在北极的春天（4 月到 5 月），幼崽会和它们的妈妈待在一起，至少得到 1 年的照顾，这期间它们跟着鲸群学习独立或集体捕食。一角鲸的体色会随着年龄的增长而改变。幼崽大多是灰色的，青年期都是蓝黑色的，成年期是灰色带斑点的，老年期全身几乎都是白色的。

想知道为什么一角鲸长着一颗长长的牙?

这个看起来像角的东西其实是从一角鲸的上唇长出来的左犬齿。这颗牙可以长到3米长。科学家认为,雄性用它们的长牙来争夺配偶。然而,人们观察到它们决斗时只会轻轻地摩擦长牙。毕竟,重重的撞击会导致牙疼。哎哟!

喷水孔

长牙
大多在雄性身上发现,
只有极少数雌性有。

超能力!

如果你能像一角鲸一样探察,你就总能找到走出迷宫的捷径。

华丽琴鸟

如果你能像华丽琴鸟一样模仿声音？

 在世界上哪些地方？

华丽琴鸟生活在澳大利亚潮湿的森林里。

华丽琴鸟是声音模仿的天才。雄鸟和雌鸟都能模仿，但雄鸟模仿的频率更高，而且声音更大！据记录，雄鸟可以模仿飞鸟翅膀的拍动声、森林动物的叽叽喳喳声和笑翠鸟的合唱。动物园里的雄性华丽琴鸟据说能模仿更多不寻常的声音，比如电锯、汽车报警器和锤子敲击的声音。尽管科学家们知道华丽琴鸟的鸣管与其他鸟类的不同，但他们仍在研究华丽琴鸟是如何发出如此不同寻常的声音的。他们已经知道雌鸟会倾听并跟随这些声音来寻找配偶。

如果你能像
华丽琴鸟一
样模仿声音，
你将会成为
一位知名的
电影音效师。

不可不知的 小知识

成体大小:

雄性从喙到尾尖长约 80 到 100 厘米,体重约 900 克。 雌性较小,有平平无奇的 略短的尾羽

寿命:

长达 30 年

食物:

主要是从森林地面挖出的 蠕虫

喙

翅膀

趾

腿

生长过程

　　华丽琴鸟交配过后,雌鸟会离雄鸟而去,并在圆形的树枝筑成的巢中产下一枚蛋,巢通常筑在树墩或岩壁上。每天,雌鸟都会离开鸟巢去觅食,因为雏鸟需要大约 50 天才会孵化出来。等到雏鸟孵化出来之后,在接下来的 6 到 10 周,乃至更长的时间里,雌鸟都会将食物带回巢中。雌鸟也会通过模仿其他动物的带有警示作用的叫声,守护雏鸟免受饥饿的捕食者——以斑噪钟鹊为代表的捕食鸟——的侵扰。即便幼鸟长出羽毛,开始学会自己觅食,在它生命的第一年的大部分时间里,它还是和自己的妈妈待在一起。

尾巴

雄鸟在 3 到 4 岁的时候初次长出漂亮的尾巴。尾羽每年都会脱落并恰好在每年的交配季节 6 月和 7 月重新长出新的羽毛。

想知道为什么华丽琴鸟长着华丽的尾羽吗？

雄鸟需要华丽的尾羽来赢得配偶。一旦它的歌声或模仿的声音吸引雌鸟靠近，它就会努力地展开尾羽，甚至把尾羽甩到头上，以此来吸引雌鸟。

超能力！

如果你能像华丽琴鸟一样模仿声音，你不需要乐器就能在乐队中演奏。

如果你能像三带犰狳一样全副武装？

在世界上哪些地方？

三带犰狳生活在南美洲，主要分布在稀树大草原和旱生林里。它们是濒危动物，这意味着它们的种群规模很小，濒临灭绝。

所有的犰狳都有盔甲状的鳞片，覆盖着它们的身体。但只有三带犰狳能完全蜷成圆球状。它能做到这一点，是因为它的头、背和尾的鳞片能够完美地拼合。身体两侧强壮的肌肉为这一防御动作提供了力量。当它第一次感觉到危险时，它通常只会半卷起来。这样它的鼻子就不用缩进去，呼吸更容易。但如果美洲虎等大型掠食者靠近，它的肌肉就会抖动。突然！三带犰狳将身体蜷缩成一个紧绷的全副武装的圆球，对于捕食者来说，这个球太大太硬，根本无从下嘴。

如果你能像三带犰狳一样全副武装，你就能在滑板公园完成所有炫酷的动作。

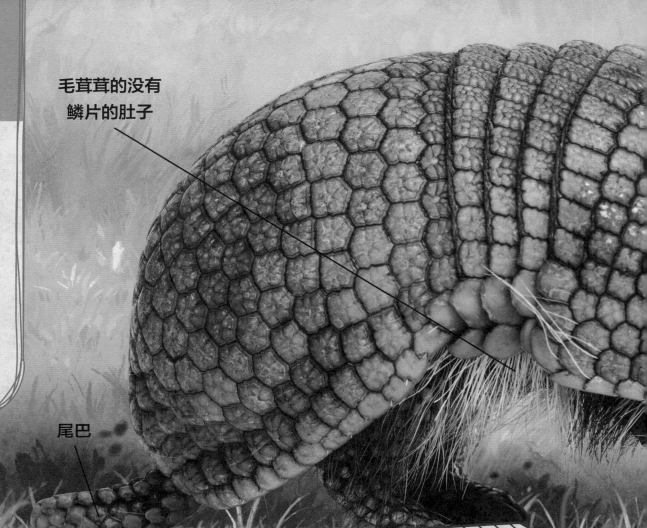

不可不知的小知识

成体大小：
雄性略大于雌性。从鼻子到尾巴尖可达 35 厘米，体重约 1.3 千克

寿命：
在动物园里可达 20 年，但在野外环境中尚不为人知

食物：
主要是蚂蚁、甲虫和水果

毛茸茸的没有鳞片的肚子

尾巴

生长过程

　　雌性犰狳一次能产下一个高尔夫球大小的幼崽。科学家们认为，怀多胎会使雌性很难蜷成球状。幼崽在雌性体内发育大约 120 天。刚出生的时候，它看起来和成年犰狳没什么两样，只是小一些，不过它的鳞片在最初几天里像皮革一样柔软。妈妈独自照顾幼崽，保护它，哺育它。在第一年剩下的大部分时间里，妈妈和幼崽经常在晚上共享同一个遮蔽物，妈妈继续哺育成长中的幼崽。

鳞片

想知道为什么三带犰狳长着超级强韧的长爪子？

三带犰狳生活的地方大多硬得像石头，但为了寻找蚂蚁或白蚁作为大餐，它强韧的爪子能在地上挖近 60 厘米深。它的爪子实在是太长，前腿由爪子而不是脚垫支撑着行走。科学家称之为芭蕾舞式的行走。

头

它的舌头又长又尖，上面沾满了黏糊糊的唾液，对于捕捉蚂蚁和白蚁来说堪称完美。

爪子

超能力！

如果你能像三带犰狳一样全副武装，你就会成为冰球队的明星守门员。

如果你能像阿尔卑斯羱羊一样攀岩？

14

在世界上哪些地方？

阿尔卑斯羱羊生活在欧洲阿尔卑斯山的岩石山坡、悬崖和高山草甸上。

阿尔卑斯羱羊简直是登山机器！它的短腿和体形让它能够轻而易举地在狭窄的岩壁上保持平衡。阿尔卑斯羱羊也足够强壮和灵活，能够从站立点起跳跨越一段断裂的岩壁，跨度近2米。最为重要的是，它的脚为登山而生——蹄子由两个脚趾组成，可以各自活动。蹄子的每个脚趾部分的外缘都非常坚硬锋利，便于攀附，加上柔软的中间部分，就像一个防滑吸盘。

如果你能像阿尔卑斯羱羊一样攀岩，你就可以一边攀岩一边享用零食。

成体大小：

雄性大约是雌性的两倍
大。体格健壮的雄性体长
大约 1.5 到 1.8 米，体重
约 80 千克

寿命：

大约 14 到 18 年

食物：

主要是草

角

头

胡须
只有雄性有。

生长过程

雌性阿尔卑斯羱羊一次产 1 到 2 头羊羔，
羊羔在雌性体内发育大约 5 个半月。几乎是刚
一出生，羊羔就有警觉意识，即使在狭窄的山
崖上，也能跑、能跳、紧随它的妈妈。尽管它
们已经能够吃草，角也开始生长，但羊羔还需
喂养 4 到 6 个月。当它们 2 到 3 岁的时候，雄
性加入附近的一个雄性羊群。年轻的雌性就待
在它们母亲所在的羊群。这两个羊群通常只在 12 月到次年的 1 月的繁殖季节
相见。

蹄子

想知道为什么雄性和雌性阿尔卑斯羱羊都长有角？

它们的角可以帮助成年羊在领地上对抗其他羊。更重要的是，它们的角可以帮助它们自卫，并且保护羊羔免受狼等捕食者的伤害。雄性的角可长达1米，而雌性的角通常不会超过35厘米。

身体

体毛的长度随季节而变化：在夏季，体毛较短且毛茸茸的；到了冬季，因为有长长的护毛，体毛更为厚实。雌性一年四季都是浅棕色；雄性在夏季是灰色的，在冬季呈棕色。

超能力！

如果你能像阿尔卑斯羱羊一样攀岩，你就能轻而易举地把球从屋顶上捡回来。

鼯猴

如果你能像鼯猴一样飞?

在世界上哪些地方?

鼯猴大多生活在东南亚的森林里。

当鼯猴伸展身体，你会看到一个巨大的皮肤层（叫作飞膜）。飞膜一直延伸至鼯猴的四肢和尾巴上，甚至它的脚趾上还有蹼，以增加了与空气的接触面。此外，鼯猴非常轻。难怪它一跳就能在森林中滑翔，距离能超过一个美式足球场的长度。嗖！

如果你能像鼯猴
一样飞，倒垃圾
将是一场冒险。

19

成体大小：
成年雌性比雄性稍大一些，体长可达 40 厘米，但体重只有 1 千克

寿命：
可达 15 年

食物：
叶、花和枝条末端的嫩芽

眼睛 ————

生长过程

　　科学研究表明，鼯猴全年都可以交配。在大约 60 天的孕期后，雌鼯猴会产下一只幼崽。休息时，妈妈把尾巴卷起来，将它的飞膜折叠成一个育儿袋，让幼崽待在里面。这可以让幼崽保持温暖，并免受来自猫头鹰和老鹰等捕食者的伤害。在妈妈行动时，幼崽会紧紧地抓住妈妈毛茸茸的前胸，跟妈妈一起行动。尽管越来越能够独立生存，幼鼯猴仍然需要大约 3 年才能成熟。

飞膜

腿

尾巴
摆动尾巴能够减慢滑翔速度，
这样鼯猴就能顺利降落。

想知道为什么鼯猴长着一双大眼睛吗？

鼯猴主要在夜间活动，有一双大眼睛可以帮助它寻找食物和提防捕食者。

超能力！

如果你能像鼯猴一样飞，每次排队你都将是第一个。

如果你能像电鳗一样放电？

在世界上哪些地方？

电鳗和鳗鱼不同，它生活在南美洲亚马孙河和奥里诺科河流域的淡水中。

电鳗的身体能放电！这是因为它长长的身体的大部分都含有能产生强弱电压的特殊组织。电鳗通常只在夜间活动，这时它会发出微弱的电压——只比9伏的电池强一点点——在自身周围产生电场。与此同时，它全身的特殊传感器可以探测到所在区域内的任何响动。通过这种方式，电鳗可以感知周围物体的大小、形状和位置。当它感觉到食物或敌人，比如凯门鳄，它会放出650伏的电压。这一电压差不多是中国家庭墙上插座里电压的3倍。

如果你能像电鳗一样放电，你就永远不用担心停电。

23

成体大小：
　　体长可达 25 米，体重达
　　20 千克

寿命：
　　可达 20 年

食物：
　　主要是鱼

头上有主要的身体器官

皮肤
无鳞。

嘴

眼睛

生长过程

　　电鳗宝宝在卵中发育。雄性先吐出大量气泡来筑造一个泡沫巢。在这个巢中，雌性产下多达 1700 颗卵，然后雄性把精子覆盖在上面。虽然一开始巢是泡沫的，但之后会变得坚硬，所以当它漂浮在河上的时候不会破裂。雄性守护着巢。大约两周后，幼体孵化出来。虽然个头很小，但它们已经可以产生微弱的电压来捕捉和自身差不多大小的猎物，比如一些甲壳类动物。当捕食者，比如大鱼，出现在周围时，幼体就会回到它们的巢里，仍然由它们的父亲保护着。雄性一直守护着巢和它的孩子，直到大约两个月后的雨季到来。到那时，幼体已经足够大，可以离开并独立生存了。

有着能产生电压的器官的身体

水从这里喷射出来，让电鳗在遇到危险时快速逃离。

想知道为什么电鳗要探出水面并张开大嘴？

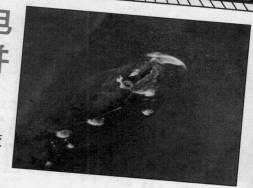

电鳗所生活的河水通常比较浑浊，氧气匮乏，所以它的鳃不能提供身体所需的氧气。每隔大约 10 分钟，电鳗就需要把头探出水面，张开嘴，大口吸气。它的口腔黏膜能从空气中吸取所需的充足的氧气。

臀鳍
让电鳗能够前后游动并打转。

超能力！

如果你能像电鳗一样放电，你走到哪里都不会缺电。

25

如果你能像壮发蛙一样切割？

在世界上哪些地方？

壮发蛙生活在非洲中部的热带雨林中。

没人敢惹壮发蛙！雄蛙和雌蛙都有像猫一样可伸展的"爪子"，藏在后脚脚趾的皮肤里。当壮发蛙被饥饿的动物，比如非洲水獭攻击时，它附着在坚硬趾尖上的肌肉就会收缩，这使得趾尖的骨头直接穿过趾垫伸出来。这些骨头像爪子一样锋利，刺向袭击壮发蛙的动物。这种突然的反击通常足以赶走它的敌人。科学家们想知道——但尚不清楚——壮发蛙的脚趾会愈合，还是爪子将永远留在外面。不管怎样，壮发蛙时刻准备好了自卫。

如果你能像壮发蛙一样切割，你将成为一位著名的沙拉大厨。

成体大小：
　　体长约 10 厘米，体重
　　约 100 克。雄性比雌
　　性稍大一些

寿命：
　　可达 5 年

食物：
　　主要是小生物，如昆虫、
　　千足虫和蜗牛

眼睛
当壮发蛙吞咽的时候，它的眼睛会下移帮助推动食物进入喉咙。

耳膜
（鼓膜）

前脚

毛状物
只有雄性有。

生长过程

　　小壮发蛙宝宝被称为蝌蚪。雌蛙和雄蛙在湍急溪流中水流较平缓处产下卵子和精子。蝌蚪一孵化出来，就会用鳃呼吸，并游进快速流动的水中。在那里，每只蝌蚪都用它们吸盘一样的大嘴牢牢吸附在岩石上。当饥饿的可能会捕食它们的鱼类快速游过时，这样能让蝌蚪平安无事。然而，当蝌蚪在捕食时，它们需要松开嘴任自己随水漂走。科学家们还不确定这种蛙的蝌蚪要多久才能变成一只幼蛙。幼蛙的肺已经发育，它们需要呼吸空气。雌蛙会离开溪水，但雄蛙仍留在溪流边生活。

想知道为什么雄性壮发蛙长着毛吗?

只有雄性的身体两侧和后腿上长有毛状物。这些实际上都是毛发状的真皮乳突。雄蛙在交配的季节毛状物会更加浓密。科学家们相信雄性壮发蛙之所以"毛茸茸"的一个原因可能是为了吸引异性。不过,科学家们仍在研究这些蛙类,我们还有很多需要探知的地方!

后脚

超能力!

如果你能像壮发蛙一样切割,你就能有你自己的宠物美容店了。

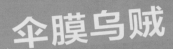

如果你能像伞膜乌贼一样隐身？

在世界上哪些地方？

伞膜乌贼生活在温暖的海水中，主要分布在澳大利亚南部海岸。

伞膜乌贼看上去像是消失了，因为它是一个玩捉迷藏的大师。它的皮肤中含有许多微小的色素囊。这些囊被连接神经系统的肌肉包裹着。肌肉使囊扩张或收缩来改变乌贼的颜色，这样它就能与周围环境紧密融合——无论周围环境是纯色的还是有斑纹的。而且，由于伞膜乌贼有很多肌肉，没有坚硬的骨骼，它能迅速改变身体的形状，以融入最适合它的藏身之处，帮助它隐身。

如果你能像伞膜
乌贼一样隐身，
在本该睡觉的时
间熬夜你也不会
被逮住。

不可不知的
小知识

成体大小：
　成年雄性比雌性大，包括
　伸直的腕在内，最长的约
　有 1 米，可重达 13 千克

寿命：
　1 至 2 年

食物：
　主要是鱼类及甲壳类动物
　（如蟹类）

眼睛

腕
下面有吸盘。

生长过程

　伞膜乌贼的交配季节是 5 到 8 月，交配过后成年雄性会死亡。雌性
乌贼会一个个地将卵塞进岩石缝隙中，之后它们也会死去。乌贼宝宝们
在孵化前要在卵里发育 3 到 5 个月。虽然它们很小，但在孵化时样子就
完全是它们父母的复制品。那些被鲨鱼等捕食者捕获后幸存下来的小乌
贼在成年后会变得更大。

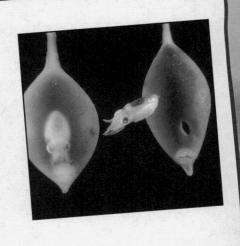

想知道为什么伞膜乌贼的皮肤有时会疙疙瘩瘩的?

伞膜乌贼的皮肤上生有乳头状突起（多级棘突结构），肌肉控制的区域会向外突出，类似于人类的鸡皮疙瘩——只有伞膜乌贼能够控制它的皮肤隆起的地点和时长。当伞膜乌贼躲藏在凹凸不平的东西比如岩石中时，疙疙瘩瘩的皮肤有助于它融入其中。

外套膜
膨胀时，将水吸进体内；收缩时，将水挤出虹吸管。

超能力！

如果你能像伞膜乌贼一样隐身，你就永远不会在玩躲猫猫游戏的时候被捉住。

如果你能像豹纹海参一样防御？

 在世界上哪些地方？

豹纹海参生活在印度洋和太平洋的珊瑚礁周围。

豹纹海参有一个位于身体内部的防御系统。如果被捕食者比如螃蟹攻击，它就会从消化道末端射出管状物。虽然它的身体内有几百条管状物，但一次只发射大约 15 条。接下来，它的呼吸树往这些管状物中注满水分，让它们拉长近 20 倍。另外，在与捕食者接触后，每条管状物表面的细胞会破裂并流出胶状物质。嘶！袭击者被困住了。与此同时，豹纹海参会舍弃掉这些管状物然后逃脱。之后，失去的管状物又会重新长出来，所以豹纹海参总是携带着武器的。

如果你能像豹纹海参一样防御，你就能轻易地把那些不请自来的来访者挡在你的门外。

35

成体大小：
　体长约 50 厘米，体重约
　450 克

寿命：
　长达 10 年

食物：
　主要是海底的微藻类
　和动物排泄物

捕食触手

这些触手在身体里面，当豹纹海参一边移动一边捕食时，触手就会从嘴里挤出来。触手将食物扫入口中，沙子或岩石碎屑会连同排泄物一起从消化道排出。

管状的脚

生长过程

　　当雄性和雌性豹纹海参在海里相遇时，它们就会释放出精子和卵子。精子和卵子结合在一起形成一个小小的自由游动的幼体——看上去一点也不像海参。在接下来的几周里，幼体会游来游去，以微小的藻类为食。然后它沉到海底，变成桶状，终于有了小海参的样子。在接下来的几个月里，小海参以更多的小海藻为食，慢慢地变成一只成年豹纹海参，然后变得越来越大。

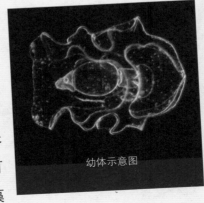

幼体示意图

想知道为什么豹纹海参有管状的脚吗？

豹纹海参的身体有几排管状的脚。它靠这些脚在海床上爬行。当它爬过某种东西例如岩石时，它的脚尖就会分泌出一点黏性物质，非常适合抓牢。

由于没有豹纹海参的图像，提供了类似特种的图像。

排泄口

超能力！

如果你能像豹纹海参一样防御，你将会是球队中最棒的阻截队员。

栖息地,甜蜜的家

所有的生物都需要一个栖息地。这个特殊的地方为生物提供氧气、水、食物、遮蔽物以及生活和繁衍后代所需的空间。地球为生物提供了许多不同的栖息地。其中之一就是海洋。

 海洋

 珊瑚礁

 淡水

 草地

 雨林

 高山

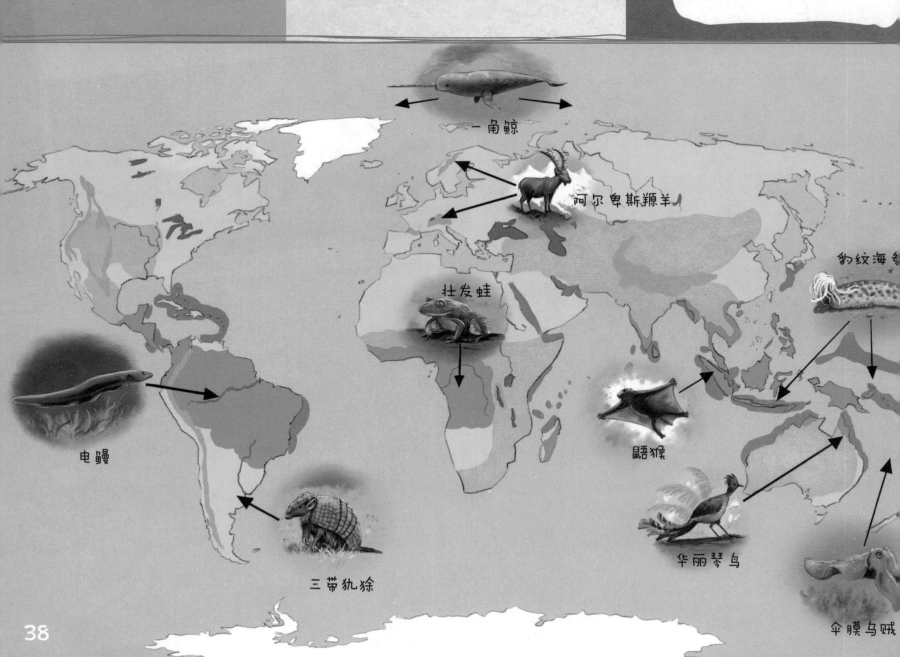

一角鲸

阿尔卑斯羱羊

豹纹海豹

壮发蛙

电鳗

眼镜猴

华丽琴鸟

三带犰狳

伞膜乌贼